Jacob Sturm

Verzeichnis meiner Insektensammlung

Jacob Sturm

Verzeichnis meiner Insektensammlung

ISBN/EAN: 9783337215958

Hergestellt in Europa, USA, Kanada, Australien, Japan

Cover: Foto ©berggeist007 / pixelio.de

Weitere Bücher finden Sie auf **www.hansebooks.com**

Verzeichnifs

meiner

Infecten - Sammlung.

Gefammelt und herausgegeben

von

I a k o b   S t u r m.

- Mit vier Kupfertafeln.

Nürnberg, 1796.

gedruckt auf Kosten des Verfassers.

Vorbericht.

Die Begierde, meine wenigen Kenntniſſe in einer meiner Lieblingswiſſenſchaften, der Entomologie, zu erweitern, und zu dieſem Behuf Inſecten aus verſchiedenen Gegenden durch Tauſch, oder andere Bedingniſſe zu erhalten, bewog mich, meinen kleinen Vorrath von mehrentheils um Nürnberg geſammelten Inſecten zur be-

A 2   que-

quemern **Ueberſicht** in alphabeti-
ſcher Ordnung zuſammen zu ſtellen.
Allein ein ſolches Verzeichniſs öfters abzuſchreiben, was doch nöthig
geweſen wäre, wenn **ich es** nur
einigermaſſen hätte verbreiten wol-
len, wäre nicht nur eine verdrüſs-
liche Arbeit, ſondern mir auch **bey**
meinen häufigen Arbeiten unmög-
lich geweſen. Ich **entſchloſs** mich
daher, dieſes *Verzeichniſs meiner
Inſectenſammlung* drucken zu laſſen,
und benutzte dabey die längſt ge-
ſuchte Gelegenheit, dem entomo-
logiſchen Publikum **eine** Probe von
Inſec-

Infectenabbildungen vorlegen zu können, wie ich wünfchte, dafs folche
durchgehends, in Anfehung der rich-
tigen Zeichnung, ohne übermäffige
Vergröfferung, und der Reinheit
der Illumination behandelt werden
möchten. Ich fuchte zu diefer Ab-
ficht einige, vom Herrn Prof. Fabricius befchriebene, aber mehrentheils noch nirgends abgebildete Arten, aus meiner Sammlung aus, und
ftellte folche fo genau und deutlich,
als ich nur konnte, auf vier Täfel-
chen vor, beforgte auch felbft die
Illumination mit eigner Hand, um

zu

zu zeigen, wie fehr folche Abbildungen, bey denen es fo oft auf
Kleinigkeiten ankommt, und die
gewöhnlich Perfonen, welche gar
keinen Begriff von diefen Gefchö-
pfen haben, anvertraut werden,
durch nachläffige Behandlung ent-
ftellt werden können. Es zerfiel
daher diefes Verzeichnifs in zwey
Abfchnitte. Der erfte enthält das
Verzeichnifs, und der zweyte die
Definition und Synonymie der ab-
gebildeten Arten, nebft kurzen Be-
merkungen darüber.

Sollte

Sollte es nun hie und da einem
Freunde der Infectenkunde gefallen,
meine kleine Sammlung durch ge-
fällige Beyträge zu bereichern, fo
bin ich erbötig, für eine jede mir
noch fehlende Art ein fchön aufge-
ftecktes Exemplar der aus meiner
Sammlung dafür ausgefuchten Art
dagegen zu geben; oder, wenn diefs
nicht hinlänglich wäre, mir auch
andere annehmliche Bedingniffe gefallen zu laffen.

Endlich mufs ich noch erinnern,
dafs ich die Anzahl meiner Dublet-
ten zu bemerken deswegen unter-

A 4   laffen

laſſen habe, weil ſolche bey mei-
nem ſteten Fortſammeln immer un-
beſtändig bleiben muſs. Da aber
gerade ein ſolches Inſect verlangt
werden könnte, wovon ich zur Zeit
nur *Ein* Exemplar beſitze, ſo ſetzte
ich, um ſolches zu verhindern, den
Arten, die ich nur einmal habe,
ein * vor.

Nürnberg, im Iulii 1796.

Sturm.

I. Ab-

I. Abſchnitt.

Alphabetiſches Verzeichniſs meiner
Inſecten - Sammlung.

ACANTHIA
* Betulae
lectularia

ACARUS
feminulum *Block.*

ACHETA
campeſtris
* Gryllotalpa

ACRYDIUM
bipunctatum
fubulatum

AESHNA
forcipata
grandis

AGRION
puella
Virgo

ANDRENA.
fpiralis
* fuccincta

ANISOTOMA
* corrufea *Kuge-*
lann.
* glabra *Kugel.*
* teſtacea *Kugel.*

ANOBIUM
Boleti
feſtivum *Block.*

A 5　　ANO-

ANOBIUM
* micans
molle
pertinax
ftriatum
* teffellatum

ANTHRAX
hottentotta
* maura
Morio

ANTHRENUS
* hirtus
Mufcorum
Scrophulariae

ANTHRIBUS
* albinus
* fcabrofus
varius

APIS
agrorum
centuncularis
* equeftris
* Hypnorum

APIS
* lagopoda
lapidaria
mellifica
mufcorum
* pilipes
* punctata
* ruderata
* rupeftris
terreftris

ARANEA
* diadema
* faccata
* fcenica

ASCALAPHUS
* italicus

ASILUS
crabroniformis
Ephippium
foem.
gilvus
tipuloides

ATTELABUS
aequatus

ATTE-

ATTELABUS

Bacchus
*Betuleti
β) caeruleus
Coryli
Craccae
cupreus
curculionoides
cyaneus
flavipes
frumentarius
Populi
Sorbi

BEMBEX

rostrata

BIBIO

anilis
plebeja

BLAPS

mortisaga

BLATTA

lapponica
marginata
orientalis

BOMBYLIUS

ater
*pictus *Panz.*

BOMBYX

bucephala
*Caja
* chrysorrhoea
* coeruleocephala
* dispar
*Dominula
*fuliginosa
* Hebe
* Hera
*Iacobeae
*lugubris
* monacha
*Mori
* neustria
Pavonia minor
*Pini
*Plantaginis
*potatoria
*pudibunda
* purpurea
quercifolia

BOM-

BOMBYX
* Quercus
Salicis
fpreta
* verficolora
* vinula

BOSTRICHUS
cylindrus
Laricis
* monographus
piniperda
Typographus

BRUCHUS
* granarius
villofus

BUPRESTIS
* chryfoftigma
linearis
mariana
minuta
nitidula
* octoguttata
* pygmaea
quadripunctata

BUPRESTIS
* ruftica
rutilans
* Salicis
viridis

BYRRHUS
ater
* fafciatus
* minutus
Pilula
* varius

CALLIDIUM
* Alni
* arcuatum
arietis
Bajulus
* detritum
femoratum
fennicum
* fulcratum
* Gazella
* hafnienfe
myfticum
* Salicis
fanguineum

CALLI-

CALLIDIUM

striatum
triste
Verbasci
violaceum

CALOPUS

* serraticornis

CANTHARIS

biguttata
fulvicollis
fusca
livida
melanura
obscura

CARABUS

anthracinus
Panz.
* apricarius
aterrimus
* auratus
* auronitens
* bipustulatus
brevicollis
* catenulatus

CARABUS

* cephalotes
cisteloides *Hell-wig.*
cyanocephalus
communis *Ku-gelann.*
* coriaceus
* crepitans
crux major
* cyaneus
Doris *Kugelann.*
fulvus *Kugelann.*
granulatus
* griseus *Kugel.*
helopioides
hirtipes *Kugel.*
* hortensis
* inquisitor
* irregularis
* leucophthalmus
marginatus
melanocephalus
minimus
* multipunctatus
* nigricornis

CARA-

CARABUS

* pilicornis
* planus
  prasinus
  pulchellus *Ku-*
    gelann.
  ruficornis
  sexpunctatus
* strenuus *Kugel.*
  sycophanta
  taeniatus *Hell-*
    wig.
  tardus *Kugel.*
  vernalis *Panz.*
* violaceus

CASSIDA

* affinis
* ferruginea
  nobilis
  tigrina *Degeer.*
  viridis

CERAMBYX

* alpinus
* Cerdo
  fasciculatus

CERAMBYX

* Heros
  hispidus
  moschatus

CERCOPIS

* bifasciata
  colcoptrata
* sanguinolenta

CERIA

* clavicornis

CEROCOMA

  Schäfferi

CETONIA

  aurata
* fastuosa
  hirta
  marmorata
* stictica

CHALCIS

  minuta

CHRYSIS

* aenea

CHRY-

CHRYSIS

aurata
* cyanea
fervida
ignita
lucidula
regia

CHRYSOMELA

* Adonidis
aenea
Armoraciae
* aucta
cerealis
* collaris
coriaria
* cuprea
decempunctata
fastuosa
* gloriosa
* graminis
haemoptera
hottentotta
* lamina
* lapponica
* limbata

CHRYSOMELA

litura
marginella
* pectoralis
polita
Populi
sanguinolenta
* Schach
* scutellata
Staphyleae
Tenebricosa
tremula
* varians
violacea

CICADA

* lanio
viridis

CICINDELA

campestris
germanica
hybrida
sylvatica

CIMEX

acuminatus
baccarum

CIMEX

CIMEX

*bicolor
coeruleus
diffimilis
feftivus
flavicornis
grifeus
* Lynx
maurus
* Morio
nigricornis
nigrolineatus
oleraceus
perlatus
prafinus
rufipes

CISTELA

bipuftulata *Hell-
wig.*
* ceramboides
cervina
cinerea
* Evonymi
fulvipes
fufca *Hellwig.*

CISTELA

opaca *Hellw.*
fulphurea
* thoracica

CLERUS

alvearius
apiarius
formicarius
* mutillarius
* unifafciatus

COCCINELLA

* analis
* biguttata
bipunctata
bipuftulata
* bisbipuftulata
* bisbiverrucata
Panz.
* biverrucata
Panz.
conglobata
conglomerata
decempuftulata
* duodecimpun-
ctata

COCCI-

COCCINELLA
* nigrina *Panz.*
ocellata
parvula
* pubefcens *Panz.*
quadripuftulata
quatuordecim-
guttata
quatuordecim-
puftulata
renipuftulata
Müll.
feptempunctata
fexpunctata
fexpuftulata
* tigrina
tredecimpun-
ctata
* vigintiguttata
vigintipunctata
vigintiquatuor-
punctata

COREUS
marginatus
* quadratus

COREUS
* fcapha

COSSUS
* Ligniperda

CRABRO
clypeatus mafc.
— — foem.
* cribrarius mafc.
* — — foem.
labiatus
* mucronatus
* pictus
fcutatus mafc.
fubterraneus

CRIOCERIS
Afparagi
duodecimpun-
ctata
flavipes
melanopa
merdigera
Phellandryii
rufipes
* fubfpinofa

B　　　　CRY-

CRYPTOCEPHA-
LUS
* auritus
bipuftulatus
cyaneus
flavipes
* gracilis
hieroglyphicus
Hübneri
labiatus
longimanus
* longipes
minutus
Moraei
nitens
obfcurus
quadripunctatus
fericeus
vittatus

CUCUIUS
* flavipes
* pallens
CULEX
* pipiens
* trifurcatus

CURCULIO
Abietis
albidus
Alneti
Apfinthii *Panz.*
argentatus
Artemifiae
 Hellw.
* Bardanae
* bimaculatus
catenulatus
Panz.
Chloris *Panz.*
* cloropus
Colon
Coryli
Druparum
* gemmatus
germanus
* glaucus
* grammicus*Panz.*
granarius
incanus
Lapathi
Liguftici
Linariae *Panz.*
CUR-

CURCULIO
lineatus
* marmoratus
micans
* Morio
muralis *Reich.*
nebulosus
niger
* nigrirostris
* Nucum
oblongus
* Oryzae
ovatus
* parallelus *Panz.*
paraplecticus
Pini
Populi
* Pruni
Pseudacori
Pyri
Salicariae
Salicis
Scrophulariae
* Sisymbrii
fulcirostris
* suturalis

CURCULIO
Thapsus
* villosus
viridis

CYMOTHOA
aquatica

CYNIPS
Rosae

DERMESTES
* bicolor
catta *Panz.*
cellaris
fumatus
fungorum *Panz.*
lardarius
* longicornis
Panz.
* murinus
Pellio
picipes
porcatus *Panz.*
rufitarsis *Creu-*
tzer.

B 2   DER-

DERMESTES

* femicoleoptra-
  tus *Panz.*
  violaceus .

DIAPERIS

* Boleti

DONACIA

* clavipes .
  dentipes
* difcolor *Hoppe.*
  Feftucae
  Hydrocharis
  micans *Panz.*
  micans *Hoppe.*
  Nympheae
  Sagittariae
  femicuprea
  Panz. .
* fimplex
* ftriata *Panz.*
  vittata *Panz.*

DYTISCUS

  arcuatus *Panz.*
  bipuftulatus

DYTISCUS

* chalconatus *Ku-
  gelann.*
  chryfomelinus
* cinereus
  collaris *Panz.*
* fufcus
* impreffus
  inaequalis
  lacuftris *Kugel.*
* latiffimus mafc.
* — — foem.
  lituratus
  marginalis mafc.
  — — foem.
  obfcurus *Panz.*
* Roefelii
  fulcatus mafc.
  — — foem.
* trifidus *Panz.*
  uliginofus

ELAPHRUS

  aquaticus
  riparius
* ftriatus

ELA-

ELATER

aeneus
aterrimus
balteatus
* bructeri *Hellw.*
castaneus
* cruciatus
haematodes
holosericeus
linearis
* mesomelus
murinus
niger
pectinicornis
* ruficollis
sanguineus
striatus
tesselatus
thoracicus
* vittatus

ELOPHORUS

aquaticus
elongatus

FORFICULA

auricularia

FORFICULA

minor

FORMICA

* caespitum
herculeana
rufa

GALLERUCA

Alni
* Beccabungae
Hellw.
* Capreae
* coccinea
* Erucae
* Euphorbiae
exoleta
haemisphaerica
Helxines
Hyoscyami
* Modeeri
Napi
Nympheae
nemorum
nigripes
nitidula
oleracea

B 3   GAL-

38

GALLERUCA

* pratenfis *Hellw.*
  ruficollis
* ruficornis
  rufipes
  ruftica
  Salicis *Degeer,*
  Tanaceti
  teftacea
  Verbafci *Hellw.*
* vigintipunctata
  Vitellinae

GERRIS

lacuftris
ftagnorum

GRYLLUS

biguttulus
coerulefcens
ftridulus

GYRINUS

natator

HALLOMENUS

* micans *Hellw.*

HELOPS

* ater
  caraboides *Panz.*
  laticollis *Creutzer.*
  ferratus

HEMEROBIUS

perla
* phalaenoides

HESPERIA

* **Cyllarus**
* **Fritillum**
* **Malvae**
* **Rubi**

HIPPOBOSCA

avicularia
equina

HISPA

atra

HISTER

* aeneus
  bimaculatus

HISTER

HISTER

depreſſus
* purpuraſcens
Herbſt.
* quadratus *Kuge-*
lann.
quadrimacula-
tus
ſinuatus
* ſulcatus
unicolor

HYDROPHILUS

caraboides
orbicularis
* piceus
ſcarabaeoides

HYPOPHLOEUS

* depreſſus

ICHNEUMON

Bedeguaris
* criſpatorius
* deluſor
* denigrator

ICHNEUMON

deſertor
globatus
imitator
* irrigator
laetatorius
luteus
manifeſtator
* ſponſor
ſputator

IPS

* ferruginea
* humeralis
quadriguttata
quadripuſtulata

IULUS

terreſtris

LAGRIA

* atra
* caerulea
hirta
nigra
* pallipes *Panz.*

B 4   LAMIA

LAMIA

   aedilis
* atomaria
* curculionoides
* Fuliginator
* Morio
* rufipes
   textor
* varia

LAMPYRIS

* italica
   fplendidula

LEPISMA

   faccharina

LEPTURA

   atra
   attenuata
   calcarata
   collaris
   laevis
   limbata *Lai-*
     chard.
* lurida

LEPTURA

   maculicornis
    Panz.
   melanura
   meridiana
   nigra
   octomaculata
   Paftinacae *Panz.*
* quadrifafciata
   quadrimaculata
   rubra
   ruficornis
   fanguinolenta
   fubfpinofa
   teftacea
* villica
   virginea

LIBELLULA

* aenea
   depreffa
* quadrimaculata

LOCUSTA

* varia
   verrucivora
   viridiffima

         LUCA-

LUCANUS

   caraboides
   Cervus
  * **parallelipipedus**

LYCTUS

   bipuſtulatus
  * canaliculatus
   crenatus
   hiſteroides

LYCUS

   fanguineus

LYGAEUS

   apterus
   equeſtris
   gothicus
   Hyoſcyami
   Pini
   faxatilis
   fcriptus

LYMEXYLON

  * dermeſtoides

LYTTA

   veſicatoria

MALACHIUS

   aeneus
  * angulatus
   bipuſtulatus
   equeſtris
  * **faſciatus**
   flavipes
   pulicarius

MELLINUS

   fabuloſus

MELOE

  * brevicollis *Hell-*
     wig.
  * maialis
  * Profcarabaeus
   tecta *Hellw.*

MELOLONTHA

   agricola
   argentea
  * **brunea**
   Frifchii
   Fullo
   horticola
   Iulii

B 5   MELO-

MELOLONTHA

* ruricola
  folstitialis
  squamosa
* variabilis
* villosa
  vulgaris

MEMBRACIS

cornuta
Genistae

MOLORCHIUS

* abbreviatus
  dimidiatus

MORDELLA

aculeata
atra
* dorsalis *Panz.*
* fasciata
  frontalis
  thoracica

MUSCA

* albifrons
  aurata

MUSCA

Caesar
carnaria
- cupraria
  domestica
* femorata *Panz.*
* grossificationis
  lateralis
* maculata
* nobilitata
  rotundata
* stellata *Geoffr.*
  tremula
  vomitoria

MYCETOPHA-GUS

* bifasciatus
* quadrimacula-tus

MYLABRIS

* Fueslini *Panz.*

MYOPA

* atra
* buccata

MYO-

MYOPA
>ferruginea
>testacea

MYRMELEON
>* formicarium

NAUCORIS
>* cimicoides

NECYDALIS
>* flavicollis *Panz.*
>melanura
>* Podagrariae
>simplex
>ustulata
>* virescens

NEPA
>cinerea

NICROPHORUS
>* germanicus
>* humator
>vespillo

NITIDULA
>* aenea

NITIDULA
>aestiva
>bipustulata
>varia

NOCTUA
>* Atriplicis
>* chrysitis
>* fimbria
>* Gamma
>* glyphica
>* libatrix
>* maura
>* meticulosa
>Perficariae
>* Pili
>* Psi
>* quadra
>* Rumicis
>* Verbasci

NOTONECTA
>glauca
>* minutissima

NOTOXUS
>* calycinus

NOTO.

NOTOXUS
*minutus
mollis
monoceros

ONISCUS
Agilis *Perfoon.*
Armadillo
Afellus
*maculatus

OPATRUM
fabulofum
tibiale

OXYPORUS
*lunulatus
*rufus

PAEDERUS
dimidiatus *Panz.*
*elongatus
riparius

PANORPA
communis

PAPILIO
*Antiopa
Apollo
*Atalanta
*Brafficae
*Cardamines
*Cardui
*Crataegi
*Galathea
*Hyale
*Hyperanthus
*Ianira
*Ilia
*Io
*Iris
*Lathonia
Machaon
*Napi
*Pamphilus
*Paphia
Rhamni
*Sinapis
*Urticae

PHALAENA
*farinalis

PHA-

PHALAENA
* groffulariata
* papilionaria
* pinicaria
* fambucaria

PHALANGIUM
· cornutum
Opilio

PHILANTHUS
laetus
quinquecinctus

PHRYGANEA
grandis
* reticulata

PRIONUS
coriarius

PTEROPHORUS
* didactylus

PTILINUS
* muticus
pectinatus

PTINUS
Fur
* imperialis
Scotias
* fexpunctatus
Panz.

PULEX
irritans

PYROCHROA
coccinea
pectinicornis
* rubens

RANATRA
* linearis

RAPHIDIA
Ophiopfis

REDUVIUS
* annulatus
perfonatus

RHAGIO
fcolopaceus
tringarius

RHA-

RHAGIUM
  indagator
  inquifitor
  * mordax
  * Noctis

RHINGIA
  roftrata

RHINOMACER
  curculioides

SAPERDA
  * Carcharias
  * Cardui
  * linearis
  * nigripes
  occulata
  populnea
  praeufta
  * fcalaris
  tremula

SCAPHIDIUM
  agaricinum
  * fcutellatum *Panz.*

SCARABAEUS
  * auftriacus mafc.
    Schneider.
  * auftriacus foem.
  * Capra mafc.
  Coenobita mafc.
  — — foem.
  conflagratus
  confpurcatus
  contaminatus
  emarginatus
  erraticus
  fimetarius
  flavipes
  Foffor
  fracticornis
    mafc. *Preyfler.*
  fracticornis
    foem.
  * haemorrhoidalis
  inquinatus
  * Lemur
  lunaris mafc.
  — foem.
  * nafcornis mafc.
  niger *Kugelann.*

SCA-

SCARABAEUS
  nigripes
  nuchicornis
    mafc.
  nuchicornis
    foem.
  nutans mafc.
    — · foem.
  ovatus
  porcatus
  quisquilius
  rufipes
  Schaefferi
  Schreberi
  fordidus
  ftercorarius
  fubterraneus
  Taurus mafc.
    — foem.
  teftudinarius
 *Typhoeus mafc.
    — — foem.
  vernalis
  Xiphias mafc.
    — foem.

SCARITES
  arenarius
 * pagotes *Hellw.*
  gibbus
SCOLIA
 * quinquepunctata
SCOLOPENDRA
  coleoptrata
  forficata
 * morfitans
SCOLYTUS
  limbatus
SCORPIO
  aneroides
SEMBLIS
  lutaria
  viridis
SESIA
  ftellatarum
SIGARA
  ftriata

SIL.

SILPHA

atrata
ferruginea
littoralis
obſcura
quadripunctata
reticulata
rugoſa
ſinuata
thoracica .

SINODENDRON

* cylindricum
  maſc.

SIREX

* gigas
* mariſcus
* ſpectrum

SPHAERIDIUM

bicolor
* bipuſtulatum
  crenatum *Kuge-
  lann.*
  fimetarium
* marginatum

SPHAERIDIUM

Scarabaeoides
unipunctatum

SPHEX

arenaria
fuſca
lutaria
* maculata
ſabuloſa

SPHINX

* Atropos
* Convolvuli
* Elpenor
  Euphorbiae .
* Liguſtri
* ocellata
* Pinaſtri
* Populi
  Tiliae

SPONDYLIS

bupreſtoides

STAPHYLINUS

* biguttatus .

STA-

STAPHYLINUS

canaliculatus
clavicornis
erythropterus
floralis
* fufcipes
hirtus
maxillofus
murinus
* olens
politus
* rivularis*Paykull.*

STOMOXYS

calcitrans
grifea
fiberita

STRATIOMYS

* chamaeleon
* clavipes
* furcata
Hydroleon
Hypoleon

SYRPHUS

arbuftorum
arcuatus
* elongatus
floreus
* intricarius
* oeftraceus
pellucens
pendulus
pipiens
Pyrafti
* fepulchralis
* fpinipes
tenax
* triftis

TABANUS

bovinus
caecutiens
pluvialis
tropicus

TENEBRIO

molitor

C   TEN-

TENTHREDO

albicornis
* atra
coerulefcens
flavicornis
* germanica
* Iuniperi
luteicornis
* marginella
Morio
ovata
punctum
* Rapae
Rolae
* rufiventris
uftulata
viridis

THRIPS

* fafciata
* Ulmi

TINEA

* evonymella

TINEA

* Pinetella

TIPULA

hortulana|
* pratenfis

TRAGOSITA

* caraboides

TRICHIUS

* Eremita
fafciatus
hemipterus
* nobilis

TRITOMA

bipuftulata

TROX

arenarius
fabulofus

TROM-

TROMBIDIUM

  * geographicum
  * holofericeum

VESPA

  * coarctata
  Crabro
  gallica

VESPA

  faxonica
  vulgaris

ZYGAENA

  * Filipendula
  * Scabiofae
  Statices

C 2   II. Ab-

II. Abfchnitt.

Befchreibungen nebſt Abbildungen einiger Infecten aus meiner Sammlung.

1. HELOPS *ater.*

Tab. 1. fig. 1.

H. ater elytris ſtriatis. *Fabric.* Ent. Syſt. T. I. n. 21. p. 121. Spec. Inſ. T. I. n. 11. p. 326. Mant. Inſ. T. I. n. 15. p. 214.

Panzer Ent. germ. I. n. 6. p. 43.

Pimelia atra Linn. Syſt. Nat. ed. XIII. n. 75. p. 2011.

Pyrochroa (nigra) nitida, corpore ovato, thorace convexo, antennis pedibusque fuſcis. *Degeer.* Inſ. 5. n. 4.

Bey Erlangen nicht gar ſelten, woher ich ihn der Güte meines unſchätzbaren

baren Freundes, des Herrn Dr. *Hoppe*, zu verdanken habe.

Nicht die ganzen Fühlhörner, fondern nur die Spitzen davon, und die Fufsblätter find braun!

Tab. I. a. Eine vordere vergröfserte Frefsfpitze. *b.* Ein vergröfsertes Fühlhorn.

2. EEAPHRUS *ftriatus.*
Tab. I. fig. 2.

E. aeneus elytris ftriatis, pedibus flavefcentibus. *Fabric.* Ent. Syft. T. I. n. 3. p. 179.

Panzer Ent. germ. I. n. 3. p. 69.

Selten. Ich hafchte ihn erft ein einziges mal auf einer feuchten Wiefe.

Tab. I. c. Maafsftab der natürlichen Gröfse.

3. MALACHIUS *angulatus.*
Tab I. fig. 3.

M. ater nitidus thoracis limbo tibiisque anticis rufis. *Fabric.* Ent. Syft. T. I. n. 9. p. 223.

C 3 *Pan-*

Panzer Ent. germ. I. n. 5. p. 93.

Selten. Ich habe ihn erſt ein paar-
mal auf einer Linde gehaſcht. Das
Männchen iſt vom Weibchen durch
einen breitern Saum am Bruſtſchilde,
und einen groſsen rothgelben Flecken,
welcher ſich beynahe über den ganzen
Kopf ausbreitet, — da hingegen der
Kopf des Weibchens ganz ſchwarz iſt
— unterſchieden. Unſere Figur ſtellt
das Männchen vor.

Tab. I. d. Maaſsſtab der natürlichen Gröſse.

4. MALACHIUS *flavipes.*
Tab. I. fig. 4.

M. niger **antennarum** baſi tibiisque flavis. *Fabric.* Ent. Syſt. T. I. n. 15.
p. 225.

Panzer Ent. germ. I. n. 11. p. 94.

Hin und wieder auf Blüthen, aber
ſehr ſelten.

Variat rarius forte ſexu puncto elytrorum parvo apicis ferrugineo. Fabr.

Tab. I. e. Maaſsſtab der natürlichen Gröſse.

5. GAL-

5. GALLERUCA *ruficollis.*
Tab. 1. *fig.* 5.

G. viridi aenea thorace pedibusque rufis. *Fabric.* Ent. Syst. T. I. P. II.
n. 4. p. 13. Spec. Inf. I. n. 69.
p. 128. Mant. Inf. I. n. 89. p. 72.
et p. 92. n. 22. *Erotylus flavipes.*

Chryfomela ruficollis. Linn. Syst. Nat.
ed. XIII. n. 81. p. 1668.

Geoffr. Inf. par. I. n. 16. p. 263.

In manchen Iahren nicht felten;
manches Iahr aber ganz unfichtbar.
Das Weibchen fchwillt zu einer auf-
ferordentlichen Dicke auf, wenn es
trächtig ift. In des Hr. Dr. *Panzers*
Ent. germ. vermiffe ich diefe Galleruca.

Tab. I.*f.* M afsftab der natürlichen Gröfse.
g. Ein vergröfsertes Fühlhorn.

6. CRYPTOCEPHALUS *nitens.*
Tab. I. *fig.* 6.

C. viridis nitens ore pedibusque teftaceis. *Fabric.* Ent. Syst. T. I. P. II.

n.

n. 57. p. 64 Spec. Inf. I. n. 33. p. 144.
Mant. Inf. I. n. 44. p. 82.

Panzer Ent. germ. I. n. 21. p. 196.

Chryfomela nitens. Linn. Syft. Nat. XII.
2. n. 84. p. 598. ed. XIII. n. 44. p.
1706. Fn. fucc. 551..

Degeer inf. 5. n. 38. p. 334.

Ich finde ihn gewöhnlich zu Ende
des Mai's, auf der *rundblätterigen*
Werftweide (Salix aurita L.), auch auf
anderem Gefträuche. Grün fand ich
diefen Fallkäfer bisher noch nicht; alle
Exemplare, die ich davon befitze, find
fchwarzblau, ftark glänzend. Die grü-
ne Spielart mag daher feltener feyn, als
die blaue.

> *Tab. I. h.* Maafsftab der natürlichen Gröfse.
> *i.* Der Kopf von vornen, vergröfsert.

7. CRYPTOCEPHALUS *labiatus.*

Tab. I. fig. 7.

C. ater **nitidus** ore pedibus bafique an-
tennarum lutefcentibus. *Fabric.* Ent.
Svft. T. I. P. II. n. 62. **p.** 65. Spec.
Inf.

Inf. I. n. 49. p. 146. Mant. Inf. I.
n. 65. p. 84.

Panzer Ent. germ. I. n. 23. p. 197.

Chryfomela labiata. **Linn.** Syft. Nat.
XII. 2. n. 87. p. 598. ed. XIII. n. 66.
p. 1709. Fn. fuec. 553*.

Nicht gar felten: an Hecken etc.
Die geftreift punktirten Flügeldecken,
und zwey gelbe Punkte an der Stirn,
find ein fchönes Kennzeichen an ihm,
das ihn vor allen ähnlichen *Fallkäfern*
hinlänglich unterfcheidet.

Tab. I. k. Maafsftab der natürlichen Gröfse.
l. Der Kopf von **vornen**, vergröfsert.

8. CRYPTOCEPHALUS *flavipes.*
Tab. I. fig. 8.

C. ater nitidus capite pedibusque luteis.
Fabric. Ent. Syft. T. I. P. II. n. 64.
p. 65. Spec. Inf. I. n. 50. p. 146.
Mant. Inf. I. n. 68. p. 84.

Panzer Ent. germ. I. n. 25. p. 197.

Cryptocephalus flavipes. Linn. Syft. Nat.
ed. XIII. n. 68. p. 1709.

C 5 Cry-

42

Cryptocephalus parenthesis Schrank.

Nicht selten, und an den nehmlichen Stellen mit dem vorhergehenden. Die Flügeldecken sind sparsam punktirt, und haben am Grunde einen gelben Saum.

Tab. I. m. **Maaſsſtab der natürlichen Gröſse.** *n.* **Der Kopf von vornen, vergröſsert.**

9. CRYPTOCEPHALUS *Hübneri.*

Tab. I. fig. 9.

C. niger capite elytrorum apicibus pedibusque flavis. *Fabric.* Ent. Syſt. T. I. P. II. n. 66. p. 65.

Panzer Ent. germ. I. n. 27. p. 198. Fauna Inſ. germ. XXXIX. 16.

Etwas selten, **an Hecken, auf Weiden** etc.

Tab. I. o. Maaſsſtab der natürlichen Gröſse. *p.* Der Kopf von vornen, vergröſsert.

10. CRY-

10. CRYPTOCEPHALUS *minutus*.

Tab. I. fig. 10.

C. thorace fulvo, elytris striatis testa-
ceis immaculatis. *Fabric.* Ent. Syst.
T. I. P. II. n. 87. p. 70.

Panzer Ent. germ. I. n. 38. p. 200.
Fauna Inf. germ. XXXIX. 18.

Nicht gemein, hin und wieder auf
Gräsern in Aeckern.

> *Tab. I. q.* Maafsstab der natürlichen
> Gröfse. *r.* Der Kopf von vornen,
> vergröfsert.

11. CRYPTOCEPHALUS *gracilis*.

Tab. I. fig. 12.

C. ater capite thoraceque fulvis, elytris linea marginali bafeos alba. *Fabric.* Ent. Syst. T. I. P. II. n. 88. p. 70.

Cryptocephalus rufipes: niger striatus,
thorace pedibusque rufis. *Linn.* Syst.
Nat. ed. XIII. n. 38. p. 1711.

Geoffr. inf. par. I. n. 11. p. 236.

Ich finde diefes niedliche Käferchen
fehr felten, und doch habe ich fchon
zwey

zwey Varietäten davon entdeckt: nehm-
lich eine, die an den Spitzen der Flügeldecken zwey gelbe Flecken hat; und
eine, der diefe Flecken mangeln, die
aber dafür am Grunde des Bruftfchildes
zwey fchwarze Flecken hat.

Herr D. *Panzer* hat diefen Fallkäfer in feine *Ent. germ.* noch nicht aufgenommen.

Tab. I. s. Maafsftab der natürlichen
Gröfse. *t.* Das vergröfserte Bruftfchild der erwähnten Varietät.

12. HISPA *atra.* 5485.
Tab. I. fig. 12.

H. antennis fufiformibus, thorace elytrisque fpinofis. *Fabric.* Ent. Syft.
T. I. P. II. n. 1. p. 70. Spec. Inf. I.
n. 20. p. 83. Mant. Inf. I. n. 9. p. 47.

Panzer Ent. germ. I. n. I. p. 200.

Linn. Syft. Nat. ed. XIII. n. 1. p. 1732.

Crioceris atra fpinis horrida. *Geoffr.*
inf. par. I. n. 7. p. 243.

Schr. der berl. Naturf. Gef. 4. t. 7. f. 6.

Roff. Faun. etrúfc. 52. 129.

Etwas

Etwas selten; gewöhnlich finde ich
ihn im August und September auf Wiesen, auf der Erde, oder an Grashalmen
sitzend.

Tab. *I. u.* Maafstab der natürlichen
Größe. *v.* Ein vergrößertes Fühlhorn.

13. CUCUIUS *flavipes.*
Tab. II. fig. 1.

C. thorace denticulato nigro, pedibus
flavescentibus, antennis filiformibus
longitudine corporis. *Fabric.* Ent.
Syst. T. I. P. II. n. 8. p. 95. Spec.
Inf. I. n. 4. p. 257. Mant. Inf. I. n.
6. p. 156.

Panzer Ent. germ. I. n. 5. p. 207.

Cerambyx planatus: thorace scabro an-
terius dentato, corpore nigro, antennis pedibusque ferrugineis. *Linn.*
Syst. Nat. ed. XIII. n. 17. p. 1819.

Cucujus planatus. **Herbst.** Archiv. II.
p. 7. t. 1. f. 7. 8.

Diesen und den folgenden Rinden-
käfer fand ich erst ein einzigesmal in
hie-

hiefiger Gegend, unter der Rinde **eines**
faulenden Stockes; wahrfcheinlich **ma-**
chen diefe beyden Käfer nur *Eine* Art
aus, da ´man fie gewöhnlich beyfam-
men **antrifft;** fie wären alfo nur dem
Gefchlechte nach **verfchieden.**

Tab. II. a. Maafsftab der natürlichen
Gröfse.

14. CUCUIUS *pallens.*
Tab. II. fig. 2.

C. thorace ferrato obfcuro, elytris ftriatis, abdomine pedibusque **teftaceis.**
Fabric. Ent. Sylt. T. 1. **P. II.** n. 9.
p. 96.

Panzer Ent. germ. I. n. 6. p. 207.

An gleicher **Stelle** mit dem **vorher-**
gehenden. **Vielleicht das** Weibchen.

Tab. II. b. Maafsftab der natürlichen
Gröfse.

15. PYROCHROA *rubens.*
Tab. II. fig. 3.

P. nigra capite thorace elytrisque fan-
guineis immaculatis. *Fabric.* Ent.
Sylt. T. I. P. II. n. 2. p. 105.

Pan-

Panzer Ent. germ. I. n. 2. p 210.

Lampyris rubens. *Linn.* Syſt. Nat. ed.
XIII. n. 35. p. 1886.

Schaller Abh. der hall. Naturf. Geſ. I.
p. 301.

Pyrochroa Satrapa. *Schrank.* inſ. auſt.
n. 324. p. 174.

Dieſer *Feuerkäfer* iſt gewiſs nichts
weniger, als Abart von *P. coccinea;*
denn ſogar wo letztere gemein iſt, wird
er nicht angetroffen. So ſahe ich auch
bey *Herſpruk*, wo ich meinen Käfer in
Geſellſchaft der *P. pectinicornis* fieng,
nicht eine einzige *P. coccinea.*

Tab II. c. Ein vergröſsertes Fühlhorn.

16. BUPRESTIS *pygmaea.*
Tab. II. fig. 4.

B. elytris integris cyaneis, capite tho-
raceque aeneis nitidis. *Pabric.* Ent.
Syſt. T. I. P. II. n. 110. p. 211. Mant.
Inſ. I. n. 78. p. 183.

Panzer Ent. germ. I. n. 26. p. 232.

Linn. Syſt. Nat. ed. **XIII.** n. 92. p. 1936.

Man

48

Man findet diesen kleinen *Pracht-
käfer* hin und wieder in Deutschland
an Hecken, Dorngebüschen etc.; in
hiesiger Gegend habe ich ihn noch
nicht angetroffen.

Kopf und Brustschild ist glänzend
goldfärbig. Die Flügeldecken blau,
punktirt. Körper und Füsse dunkel
Bronzefärbig.

Tab. II. d. Maafsstab der natürlichen
Gröfse.

17. BUPRESTIS *linearis.*
Tab. II. *fig.* 5.

B. elytris integris linearibus viridibus,
capite thoraceque obscure aureis. *Fa-*
bric. Ent. Syst. T. I. P. II. n. 116.
p. 213.

Panzer Ent. germ. I. n. 30. p. 233.

Hier um Nürnberg ist dieser *Pracht-
käfer* nicht selten; gewöhnlich finde
ich ihn auf der *rundblätterigen Werftweide* (Salix aurita L.) häufig.

Tab. II. e. Maafsstab der natürlichen
Gröfse.

18. ELA-

18. ELATER vittatus.

Tab. II. fig. 6.

E. fufcus elytrorum vitta pedibusque
teftaceis. *Fabric.* Ent. Syft. T. I.
P. II. n. 36. p. 224.

Panzer Ent. germ. I. n. 14. p. 237.

Auf dem *Michaelsberg* bey *Herspruck*
hafchte ich diefen *Springkäfer* verfchie-
denemale auf *Wachholderftauden*, wor-
unter ich öfters Exemplare bekam, welche beynahe ganz einfärbige röthlich-
braune Flügeldecken hatten.

Tab. II. f. Maafsftab der natürlichen
Gröfse.

19. ELATER ruficollis.

Tab. II. fig. 7.

E. niger thorace poftice rubro nitido.
Fabric. Ent. Syft. T. I P. II. n. 52.
p. 227. Spec. Inf. I. n. 33. p. 270.
Mant. Inf. I. n. 37. p. 173.

Panzer Ent. germ. I. n. 30. p. 240.

Linn. Syft. Nat. ed. XIII. n. 14. p. 1905.
Fn. fuec. 724.

D   *Elater*

Elater gramineus. Scop. ent. carn. 290

Oliv. Inf. 31. t. 6. f. 61.

Geoffr. inf. par. 1 n. 5. p. 132.

Degeer inf. 4. n. 16. p. 153.

Raj. inf. n. 8. p. 92.

Ein in hiefiger Gegend feltener Springkäfer! Ich traf ihn erft ein einzigesmal an einer Hecke an.

Tab. II. g. Maafsftab der natürlichen Gröfse.

20. SAPERDA *nigripes.*
Tab. II. fig. 8.

S. cylindrica nigra thoracis lineis duabus fcutelloque cinereis, pedibus nigris. *Fabric.* Ent. Syft. T. **I.** P. **II.** n. 13. p. 310.

Herr Prof. *Fabricius* giebt a. a. O. Ungarn zum Wohnort diefes *Schneckenkäfers* an; ich habe ihn bisher nur einmal in hiefiger Gegend gefunden. Hr. Dr. *Panzer* hat ihn auch noch nicht in feine Infectenfaune Deutfchlands aufgenommen.

Der

Der ganze Käfer ift dünn behaart und fchwarz, nur die Flügeldecken haben einen blauen Schimmer, und find ftark punktirt; auf dem Bruftfchilde befinden fich zwey weisgraue Längslinien, welche Farbe auch das Schildchen hat.

21. LEPTURA *ruficornis.*
Tab II. fig. 9.

L. nigra antennis pedibusque rufis. *Fabric.* Ent. Syft. T. I. P. II. n. 25. p. 344. Spec. Inf. I. n. 11. p. 147. Mant. Inf. I. n. 18. p. 159.

Linn. Syft. Nat. ed. XIII. n. 35. p. 1870.

Ich traf diefen *Schmalbock* fonft in hiefiger Gegend nur felten auf Doldengewächfen an; nur im Iunius diefes Iahrs fand ich ihn einmal in Menge auf der Blüthe des *Weifsdorns* (Crataegus Oxyacantha L.).

Der ganze **Käfer ift** fchwarz, aber dicht mit goldgelben Häärchen überzogen, fo dafs er in gewiffer Richtung gegen das Licht ganz gelb erfcheint. Kopf, **Bruftfchild,** und Flügeldecken find ftark

D 2   punk-

punktirt; Fühlhörner und Füſſe ziegel-
roth, und die Gelenke der erſtern an
ihren Spitzen ſchwarz; auch die zwey
paar Hinterfüſſe ſind an ihren Spitzen
ſchwarz. Das Männchen iſt um ein
Drittel kleiner, als das Weibchen. Auch
dieſen Käfer hat Herr D. *Panzer* noch
nicht in ſeine Ent. germ. aufgenommen.

Tab. II. b. Maaſſtab der natürlichen
Gröſse des Männchens, *i.* des Weibchens.

22. BRUCHUS *granarius.*
Tab. II. fig. 10.

B. elytris nigris: atomis albis, femoribus poſticis unidentatis. *Fabric.* Ent.
Syſt. T. I. P. II. n. 15. p. 372. Spec.
Inſ. I. n. 11. p. 76. Mant. Inſ. I.
n. 15. p. 42.

Panzer Ent. germ. I. n. 4. p. 291.

Bruchus elytris nigris: atomis albis, pedibus anticis rufis, poſticis dentatis.
Linn. Syſt. Nat. XII. 2. n. 5. p. 605.
ed. XIII. n. 5. p. 1736. Fn. ſuec.
628. *Curculio atomarius.*

Nicht

Nicht gemein. Man findet ihn vom
Iulius bis September auf Doldengewächfen, und zur Zeit der Saubohnen-
blüthe (Vicia Faba L.) legt das Weibchen in die Blüthen diefer Pflanzen
ihre Eyer. Mit dem Wachsthum der
Bohnen wird auch die Larve grofs,
verpuppt fich, und der Käfer frifst fich
noch im Herbft, oder im kommenden
Frühjahr durch.

Tab. II. k. Maafsftab der natürlichen
Gröfse. *l.* Ein vergröfserter Hinterfufs.

23. BRUCHUS *villofus.*
Tab. II. fig. 11.

B. villofus cinereus immaculatus. *Fabric.*
Ent. Syft. T. I. P. II. n. 20. p. 373.
Panzer Ent. germ. I. n. 8. p. 291.

Im ganzen Sommer hindurch auf
verfchiedenen Pflanzen, befonders auf
Doldengewächfen, gemein.

Das ganze Käferchen ift fchwarz,
und überall mit feinen afchgrauen Här-
chen überzogen.

Tab. 11. m. Maafsftab der natürlichen
Gröfse.

D 3   24. CUR-

24. CURCULIO *futuralis.*

Tab. II. fig. 12.

C. longiroftris ovatus fufcus: linea lon-
gitudinali alba. *Fabric.* Ent. Syft.
T. I. P. II. n. 80. p. 412.

Panzer Ent. germ. I. n. 40. p. 306.

Ich fand **ihn erft ein** einzigesmal,
im April auf einer Weide.

Tab. II. n. **Maafsftab der** natürlichen
Gröfse.

25. TENTHREDO *germanica.*

Tab. III. fig. 1.

T. antennis feptemnodiis, corpore nigro, thorace antice abdomineque rufis. *Fabric.* Ent. Syft. T. II. n. 43.
p. 116. Spec. Inf. I. n. 29. p. 412.
Mant. Inf. I. n. 31. p. 254.

Linn. Syft. Nat. ed. XIII. n. 68. p. 2659.

Sehr felten. Ich habe ihn einmal
im May, bey *Herspruck* gehafcht.

26. SPHEX

26. SPHEX *maculata.*

Tab. III. fig. 2.

S. atra thorace albo maculato, abdominis fegmento primo rufo, reliquis
utrinque linea transverfa alba. *Fa-*
bric. Ent. Syft. T. II. n. 70. p. 215.

Ich fand diefe *Grabwespe* erft ein
einzigesmal hier um Nürnberg in einer
fandigen Gegend.

Tab. III. a. Maafsftab der natürlichen
Gröfse.

27. SCOLIA *quinquepunctata.*

Tab. III. fig. 3.

S. nigra abdomine medio rufo apice
nigro: punctis quinque albis. *Fabric.*
Ent. Syft. T. II. n. 27. p. 235. Spec.
Inf. I. n. 14. p. 453. Mant. Inf. I.
n. 18. p. 282.

Linn. Syft. Nat. ed. XIII. n. 18. p. 2737.

Diefe *Drehwespe* ift gleichfalls in
hiefiger Gegend felten, und ift mir bisher nur einmal zu Gefichte gekommen.

Tab. III. b. Maafsftab der natürlichen
Gröfse.

D 4   28. MEL=

28. MELLINUS *fabulofus.*

Tab. III. fig. 4.

M. ater nitidus abdomine fafciis tribus
albidis: anticis interruptis, pedibus
rufis. *Fabric.* Ent. Syft. P. II. n. 2.
p. 286. Mant. Inf. I. n. 17. p. 296.
Crabro fabulofus.

Linn. Syft. Nat. ed. XIII. n. 113. p. 2764.
Vefpa fabulofa.

Ein in hiefiger Gegend feltenes Infect! Ich habe es noch nicht öfter als
einmal finden können.

> *Tab. III. c.* Maafsftab der natürlichen
> Gröfse. *d.* Der Kopf von vornen,
> vergröfsert.

29. PHILANTUS *quinquecinctus.*

Tab. III. fig. 5.

P. niger thorace maculato, abdomine
fafciis quinque flavis continuis, ano
nigro. *Fabric.* Ent. Syft. T. II. n. 9.
p. 291. Mant. Inf. I. n. 11. p. 295.
Crabro quinquecinctus.

Linn. Syft. Nat. ed. XIII. n. 108. p. 2762.
Vefpa cingulata.

In

In dem naſſen Sommer 1795 traf ich
dieſe Weſpe in einem Steinbruch hin-
ter *Mögeldorf* bey Nürnberg ziemlich
häufig an.

Tab. III. e. **Der Kopf von** vornen, vergröſsert.

30. PHILANTUS *laetus.*

Tab. III. fig. 6.

P. niger thorace maculato, abdominis
primo ſegmento punctis duobus, reliquis faſcia flavis. *Fabric.* **Ent. Syſt.**
T. II. n. 10. p. 291.

An gleicher Stelle, und in gleicher
Menge mit dem vorhergehenden im erwähnten Sommer gehaſcht. Er ſiehet
dem **P.** *quinquecinctus* vollkommen ähnlich, nur iſt er **viel** gröſser, und durch
andere Merkmale, die man in den bey-
gefügten Abbildungen deutlich ange-
zeigt findet, von jenem hinlänglich ver-
ſchieden.

Tab. III. f. Ein wegen ſeines merkwürdigen Baues vergröſserter Vorderfuſs.
g. Der letzte Einſchnitt des Hinterleibs von oben. *h.* von unten, vergröſsert vorgeſtellt.

31. CRA-

31. CRABRO *labiatus.*
Tab. III. *fig.* 7.

C. thorace maculato, abdomine atro: fasciis quinque flavis; anticis quatuor interruptis, antennis rufis, labio cornuto. *Fabric.* Ent. Syst. T. II. n. 11. p. 296.

Ich hafchte diefe *Horneiffe* an dem nehmlichen Ort mit den zwey vorhergehenden; fie ift aber viel feltener, als jene.

> *Tab* I'I. i. Stellt den Kopf in Profil, vergröfsert, vor, damit man das kurze herv rragende Horn über dem Munde deutlich fehen kann.

32. CRABRO *mucronatus.*
Tab. III. *fig.* 8.

C. fentello bidentato mucronatoque niger abdominis fegmentis omnibus utrinque macula transverfa flava. *Fabric.* Ent. Syst. T. II. n. 25. p. 300.

Diefes niedliche Gefchöpf habe ich erft ein einzigesmal hier um Nürnberg, an einer Hecke gehafcht.

Tab.

Tab. III. k. Maafsftab der natürlichen
Gröfse. *l.* Das Schildchen mit dem
zu beyden Seiten befindlichen gelben
Zahn, und dem darunter hervorragen-
den rinnenartig ausgehöhlten fchwar-
zem Dolche, vergröfsert.

33. ONISCUS *maculatus.*
Tab. IV. fig. 1.

O. cauda obtufa mutica, corpore plum-
beo: lineis punctatis albis. *Fabric.*
Ent. Syft. T. II. n. 1. p. 396. Spec.
Inf. I. n. 20. p. 378. Mant. Inf. I.
n. 21. p. 242.

Linn. Syft. Nat. ed. XIII. n. 23. p. 3012.

Herr Prof. *Fabricius* giebt a. a. O.
Italien zum Wohnorte diefes Aflels an.
Ich fand ihn bey *Herspruck*, auf einem
Berge unter modernden Pilzen.

Das ganze Infect ift bleyfahl, und
über den Rücken laufen fieben aus blei-
chen Puncten beftehende Längslinien.

Tab IV. a. Ein einziger Einfchnitt des
Körpers vergröfsert vorgeftellt, damit
man die Lage der fieben Puncte deutlich fehen kann. *b.* Ein vergröfsertes
Fühlhorn.

34. CI-

34. CIMEX *maurus*.
Tab. IV. fig. 2.

C. fcutellaris cinereus fcutelli bafi pun-
ctis duobus albis. *Fabric.* Ent. Syft.
T. IV. n. 30. p. 87. Spec. inf. II.
n. 20. p. 342. Mant. Inf. II. n. 23.
p. 282.
Linn. Syft. Nat. ed. XIII. n. 5. p. 2130.
Fn. fucc. 913.
Scop. ent. carn. 352.
Fueffli inf. helv. n. 476. p. 25.
Sulzers Kennz. der Inf. tab. 11. fig. d.

Diefe Wanze ift bey uns nicht felten, auf verfchiedenen Gewächfen. Sie
ändert in Anfehung der Gröfse und Farbe öfters ab.

35. CIMEX *perlatus*.
Tab. IV. fi. 3.

C. grifeus capite nigro, fcatello utrinque puncto albo. *Fabric.* Ent. Syft.
T. IV. n. 177. p. 125.

Herr Dr. *Panzer* hat in der *Fauna
Inf. germ.* im 33 Heft n. 24. eine Wanze
abbilden laffen, die den *C. perlatus Fabric.* vorftellen follte. Allein dafs diefe
Wanze ganz anders ausfehen mufs, wenn

fie

fie mit der *Fabriciufifchen* Befchreibung übereinkommen foll, davon kann man fich leicht durch Vergleichung der Abbildung in der Fauna mit der hier gegebenen überzeugen. — Sie ift übrigens nicht gemein. Ich fieng fie manchmal fchon im April auf verfchiedenen Gewächfen.

Tab. IV. c. Maafsftab der natürlichen Gröfse.

36. COREUS *fcapha.*

Tab. IV. fig. 4

C. thorace obtufe fpinofo, abdomine marginato acuto albo maculato, capite antice bifpinofo. *Fabric.* Ent. Syft. T. IV. n. 2. p. 127.

Er fieht beynahe dem C. *marginatus* völlig gleich; ift aber überall fchwarzbraun, nur auf der Unterfeite etwas heller, und oben am Rande des Hinterleibs weisgefleckt. Das erfte Gelenk der Fühlhörner ift grau, das zweyte ganz, und das dritte am Grunde Blutroth: an der Spitze aber, fo wie das vierte fchwarz. Der Kopf hat zu beyden Seiten vor den Fühlhörnern einen

ftar-

ftarken, fcharfen, weiffen Dorn. Das
Bruftfchild hat einen aufgeworfenen
einwärtsgebogenen Rand, und ift hin-
terwärts etwas **ausgerandet.** Ich treffe
diefen Coreus **zuweilen, aber** fehr felten,
in Gefellfchaft **mit dem C.** marginatus an.

> *Tab. IV. d.* Der Kopf **ftark vergröfsert,**
> dafs **man** die befchriebenen Dornen
> **daran deutlich fehen** kann. *α. α.* Das
> **erfte Gelenk der Fühlhörner.**

37. **LYGAEUS** *fcriptus.*
Tab. IV. fig. 5.

L. ater thorace **lineolis** tribus albis, **ely-**
tris albo lineatis **apice** rubris. *Fabric.*
Ent. Syft. T. IV. n. 171. p. 182.

Diefen Lygaeus treffe ich in **Wäl-**
dern fehr **häufig** auf blühenden **Ge-**
wächfen, befonders auf Spartium fco-
parium an.

> *Tab. IV. e.* Maafsftab der natürlichen
> Gröfse.

38. **STRATIOMYS** *furcata.*
Tab. IV. fig 6.

S. fcutello bidentato nigro: margine
flavo, abdomine atro: lateribus flavo
maculatis. *Fabric.* Ent. Syft. T. IV.
n. 5. p. 264.

Sie

Sie fiehet der *S. chamaeleon* ähnlich, ift aber etwas kleiner, und hat drey weiffe Striche auf der Unterfeite des Hinterleibs. Ich hafchte diefe Waffen-fliege erft ein einzigesmal im Walde an einer Föhre.

Tab. IV. f. Das Schildchen, vergröfsert.

39. CERIA *clavicornis.*
Tab. IV. fig. 7.

Fabric. Ent. Syft. T. IV. n. 1. p. 277.

Diefe in Hinficht ihrer fonderbaren Fühlhörner, merkwürdige Fliege, fand ich ein einzigesmal in hiefiger Gegend, an einem Lindenftamm fitzend. Herr Prof. *Fabricius* hat a. a. O. eine aus-führliche Befchreibung von ihr gege-ben, welche ich nachzulefen bitte.

Tab. IV. g. habe ich den Kopf mit fei-nen merkwürdigen Fühlhörnern, von vornen, ftark vergröfsert, und *h.* die Fühlhörner allein, unter einer noch ftärkern Vergröfserung, vorgeftellt.

40. SYRPHUS *fpinipes.*
Tab. IV. fig. 8.

S. antennis fetariis tomentofus abdomine atro: lineolis albis, fegmento primo rufo,

rufo, femoribus posticis dentatis. *Fabric.* Ent. Syst. T. IV. n. 66. p. 296.

Sehr selten. Ich haschte ihn ein einzigesmal auf einer Wiese um Nürnberg.

   Tab. IV. i. Ein vergröfsertes Fühlhorn.
      k. Ein vergröfserter Hinterfufs, an welchem man den Zahn deutlich sehen kann.

41. SYRPHUS *elongatus.*
Tab. IV. fig. 9.

S. antennis setariis nudus thorace aeneo, abdomine clavato nigro: fasciis duabus flavis. *Fabric.* Ent. Syst. T. IV. n. 76. p. 299.

Selten. In Gärten, auf Wiesen.

   Tab. IV. l. Maafsstab der natürlichen Gröfse.

42. SYRPHUS *tristis.*
Tab. IV. fig. 10.

S. antennis setariis nudiusculus thorace nigro pallido lineato, abdomine aeneo nitidulo. *Fabric.* Ent. Syst. T. IV. n. 92. p. 303.

Selten. In Gärten.

   Tab. IV. m. Ein vergröfsertes Fühlhorn.

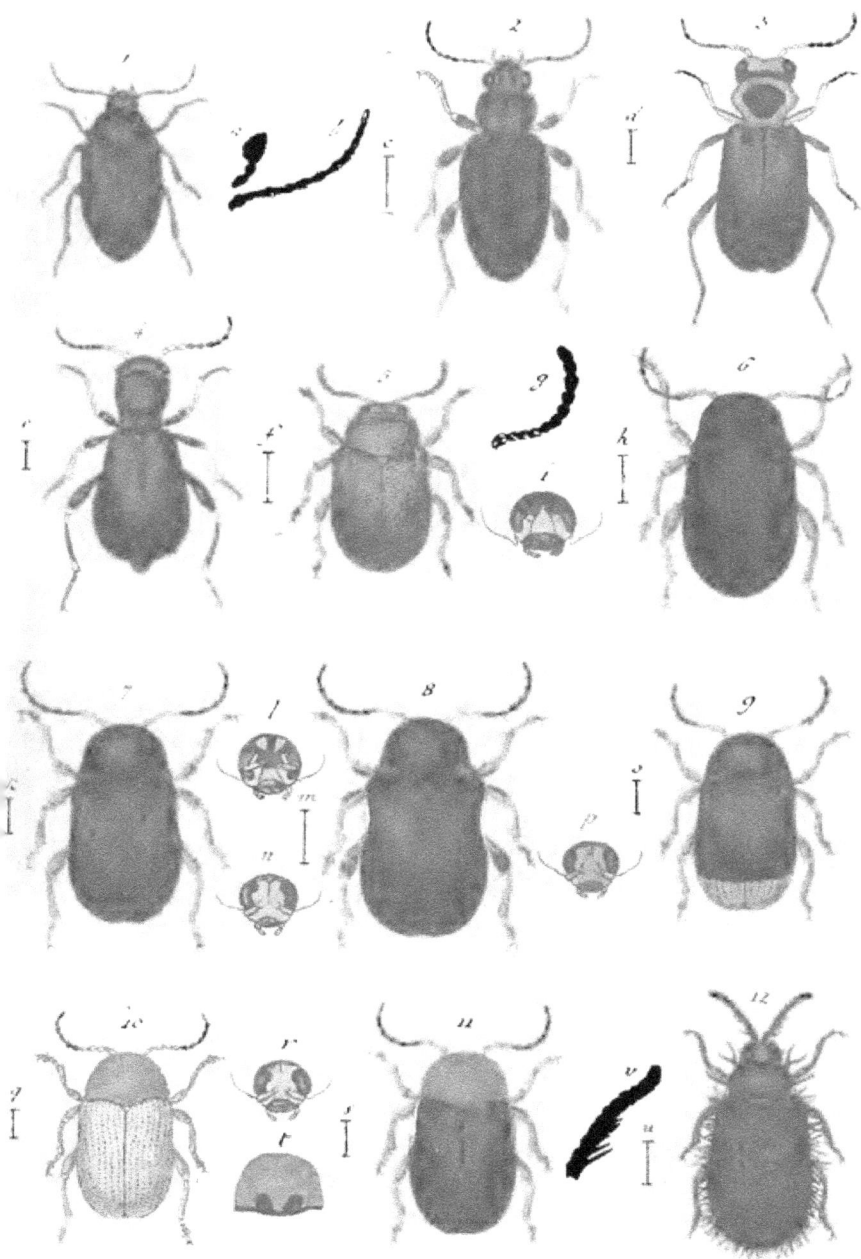

Tab. I.

Auctor pinx et sc.

Tab. II.

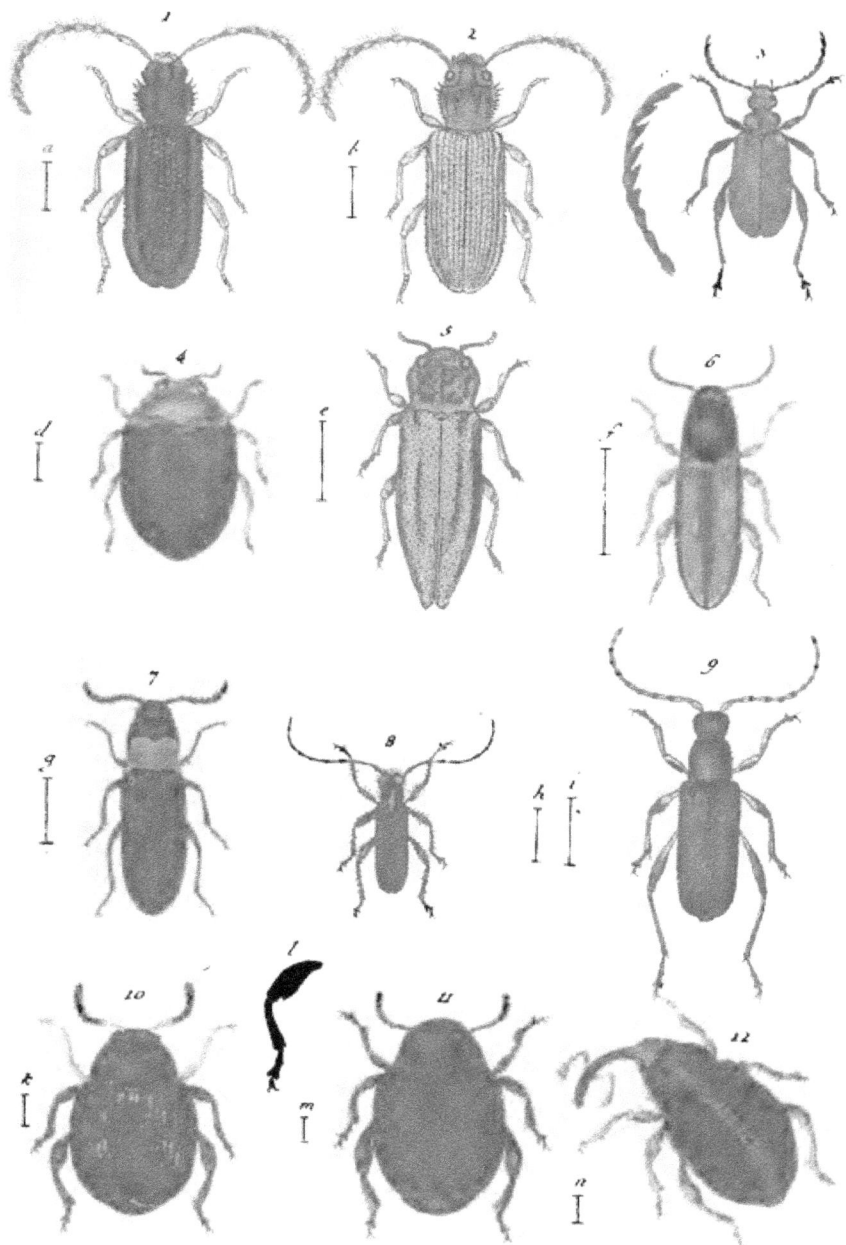

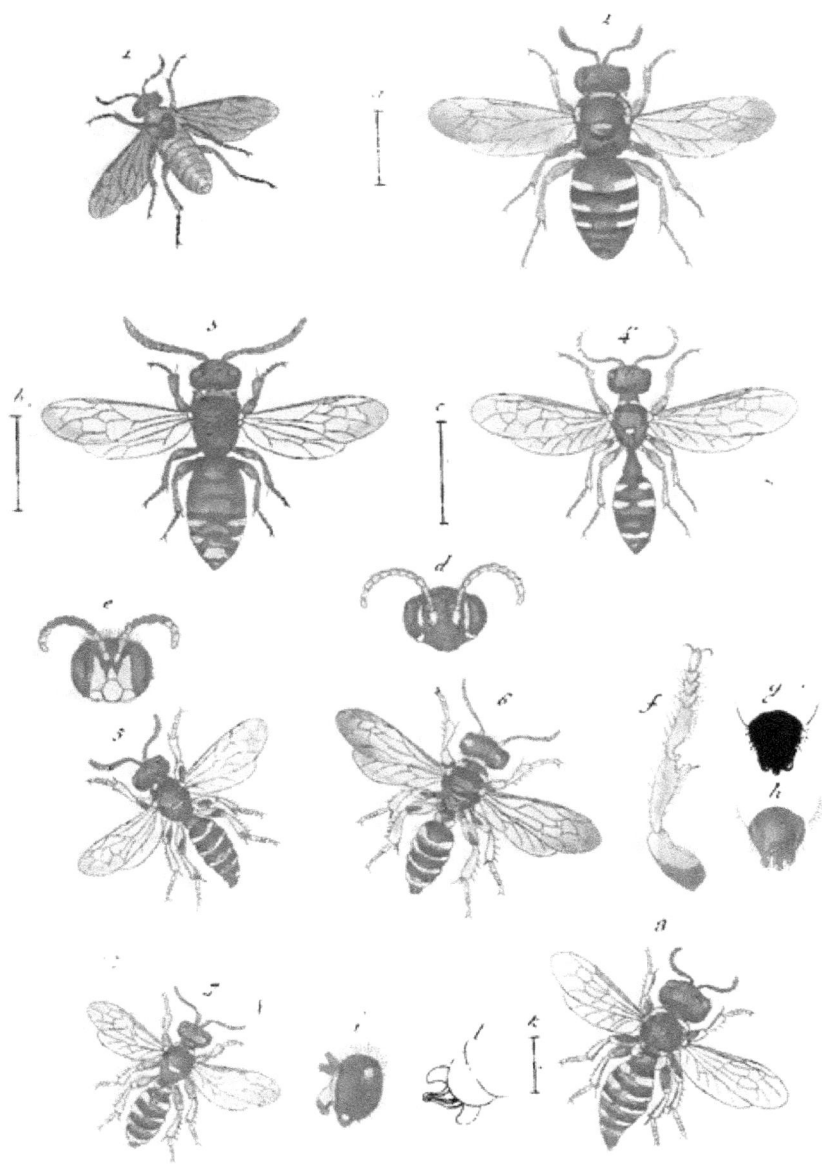

Tab. III.

Auctor pinx. et sc.

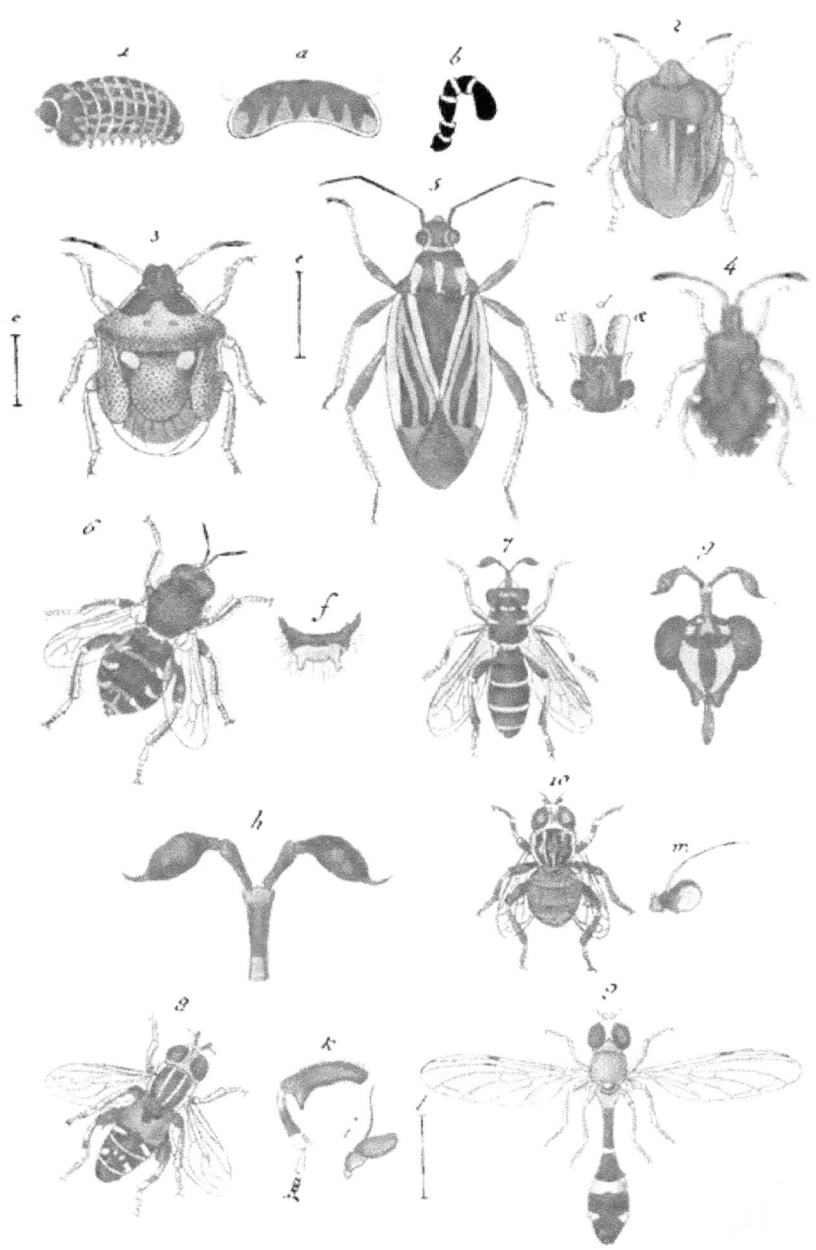

Auctor pinx. et sc.

www.ingramcontent.com/pod-product-compliance
Lightning Source LLC
Chambersburg PA
CBHW022004190326
41519CB00010B/1380